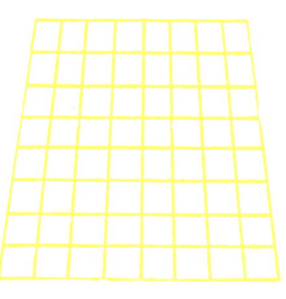

Triumphe der Wissenschaft

ALBERT EINSTEIN
und die Relativität

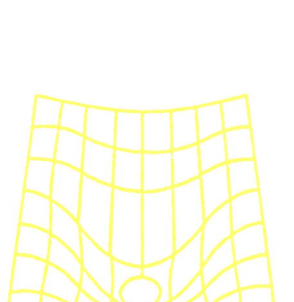

Steve Parker

Peters-Verlag

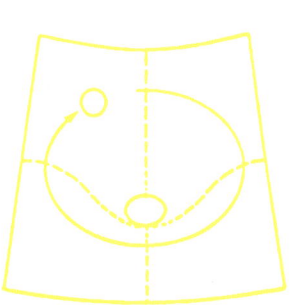

© 1994 by Dr. Hans Peters Verlag, Hanau · Wien · Bern
für die deutschsprachige Ausgabe.
Alle Rechte dieser Ausgabe beim Dr. Hans Peters Verlag,
Hanau.
Vervielfältigung, Nachdruck, Fotokopie oder Einspeicherung
und Rückgewinnung in Datenverarbeitungsanlagen aller Art,
auch auszugsweise, nur mit vorheriger Genehmigung des
Verlages.
First published in UK in 1994 by Belitha Press Limited.
© by Steve Parker für den Text
ISBN 3-87627-558-x
Printed in China for Imago Publishing

Aus dem Englischen übersetzt von Günter Leupold.

Fotonachweis:
Archiv für Kunst und Geschichte: S. 6;
Bridgeman Art Library: S. 7 links Burghley House,
Stamford, Lincolnshire;
Camera Press: S. 22 unten;
Chatherine Pouedras: S. 17;
David Parker: S. 16 unten;
Erich Lessing: S. 8 oben links, S. 9 oben, S. 11 unten,
S. 12, S. 18 oben, S. 20 oben links, S. 23 oben, S. 24 oben;
ESA/PLI: S. 20 unten;
Hulton Deutsch Collection: S. 5 oben, S. 16 oben, S. 23
unten, S. 25, S. 29;
Image Select: S. 4/5, S. 7 rechts, S. 8 oben rechts und
unten, S. 26 unten;
Lawrence Berkeley Laboratory: S. 11 oben;
Mary Evens Picture Library: S. 4 oben;
NASA: S. 22 oben;
Popperfoto: S. 9 unten, S. 24 unten;
Rex Features: Titelseite;
Ronald Grant Archive: S. 20 oben rechts;
Science Photo Library: S. 10 oben;
Tony Craddock: S. 18 unten;
US National Archives: S. 26 oben und S. 27 Julian Baum.

Illustrationen: Tony Smith;
Diagramme: Peter Bull;

Herausgeber: Phil Roxbee Cox;
Gestaltung: Cooper Wilson Limited;
Fotoredaktion: Juliet Duff;
Fachberatung: Dr. Perry Williams.

Inhaltsverzeichnis

4 Einführung

5 Die frühen Jahre

8 Moleküle und Bewegung

10 Wellen und Teilchen

13 Eine spezielle Theorie

18 Darstellung des Universum

22 Frieden und Krieg

26 Was kam nach Einstein?

28 Die Welt zu Einsteins Zeit

30 Erläuterungen

32 Stichwortverzeichnis

Einführung

Bei einer Umfrage wurden mehr als tausend Personen aufgefordert, einen berühmten Wissenschaftler zu nennen. Darauf entschieden sich über die Hälfte für Albert Einstein, den Physiker und Mathematiker, dessen bahnbrechende Erkenntnisse zwischen 1905 und 1920 veröffentlicht wurden. Doch unter all diesen Menschen gab es nur zehn, die sich darüber äußern konnten, in welcher Weise Einstein das wissenschaftliche Denken seiner Zeit revolutioniert hat.

Daß nur wenige mit Einstein als Wissenschaftler etwas anzufangen wissen, ist nichts Ungewöhnliches. Viele haben schon von Einstein gehört, aber sein wissenschaftliches Lebenswerk ist kompliziert und schwer zu begreifen. Den meisten Menschen fehlt das Verständnis für seine Theorien, weil diese sich jenseits unserer alltäglichen Wahrnehmung befinden. Wie soll man beispielsweise verstehen, daß sich die Zeit verlangsamen oder gar zum Stillstand kommen kann? In einem Buch wie diesem kann nur ein Versuch unternommen werden, die grundlegenden Ideen Einsteins in möglichst einfacher Weise und ohne Einbeziehung von Mathematik zu erklären.

Albert Einstein auf dem Titelbild einer spanischen Illustrierten von 1950. Noch immer gehört er zu den wenigen Wissenschaftlern, die in der ganzen Welt auf den ersten Blick erkannt werden.

Einsteins Geburtsstadt Ulm an der Donau

Die frühen Jahre

Albert Einstein wurde am 14. März 1879 in Ulm geboren. Als Albert ein Jahr alt war, zogen sein Vater Hermann Einstein, ein Elektrotechniker, und seine Mutter Pauline nach München um. Gemeinsam mit seinem Bruder Jakob gründete Hermann Einstein einen Betrieb zur Herstellung von Elektrogeräten. Gegen Ende des 19. Jahrhunderts erwies sich die Elektrotechnik als Geschäft, bei dem man zwar große Gewinne machen konnte, das aber auch mit enormen finanziellen Risiken verbunden war.

Kein überragender Schüler

Albert war ein guter Schüler, hatte aber mit den Sprachen – er mußte Lateinisch und Griechisch lernen – seine Probleme. Er galt als klug, aber auch als verträumt. Onkel Jakob nahm sich des Jungen an, und es gelang ihm, sein Interesse für Mathematik zu wecken. Albert begeisterte sich auch für Magnete und ihre Eigenschaften. Durch seine Mutter fand er Gefallen an Literatur und Musik. So war er später ein guter Geigenspieler. Seinerzeit standen in Deutschland die Naturwissenschaften im Blickpunkt der Öffentlichkeit. Viele Entwicklungen dieser Zeit in Medizin, Chemie, Physik und Technik waren deutschem Forscher- und Erfindergeist zu verdanken.

Einstein mit seiner jüngeren Schwester Maja, die 1881 geboren wurde. Die beiden verstanden sich gut und spielten gerne miteinander.

Wissenschaft um die Jahrhundertwende

Gegen Ende des 19. Jahrhunderts stand besonders Physik im Mittelpunkt des Interesses.

- 1895 entwickelte der italienische Funktechniker Guglielmo Marconi die drahtlose Telegraphie.

- 1895 entdeckte der deutsche Physiker Wilhelm Röntgen eine neue Art von Strahlen, die später nach ihm Röntgenstrahlen genannt wurden.

- 1896 entdeckte der französische Physiker Henri Becquerel die radioaktive Strahlung des Urans.

- 1897 wies der britische Physiker Joseph John Thomson nach, daß ein Atom geladene Teilchen enthält, die später als Elektronen bezeichnet wurden.

- 1898 klärte Thomson die Natur der rätselhaften Kathodenstrahlen, die er als Ströme freier Elektronen nachwies.

- 1899 entdeckte der englische Physiker Ernest Rutherford, daß die natürliche Radioaktivität aus Alpha-, Beta- und Gammastrahlen besteht.

- 1900 zeigte der deutsche Physiker Max Planck, daß Energie in winzigen Portionen ausgestrahlt wird, die er Quanten nannte (siehe Seite 11).

Die frühen Jahre

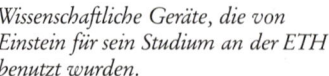

Weitere Wohnsitzwechsel

In München mußte Hermann Einstein sein Elektrogeschäft nach ersten erfolgreichen Jahren aufgeben. 1889 zog die Familie nach Mailand. Albert blieb allein in München zurück und besuchte dort weiterhin das Gymnasium. Auf ärztliches Anraten brach er jedoch 1894 vor Erlangung des Abiturs den Schulbesuch ab. Er fuhr nach Italien und verbrachte dort ein Jahr bei Verwandten und Freunden der Familie.

Als Hermann Einstein auch in Mailand geschäftlich scheiterte, verlegte die Familie ihren Wohnsitz nach Pavia. Vater Einstein wollte, daß Albert einen technischen Beruf erlernte, doch Albert wollte seine schulische Ausbildung fortsetzen.

Wissenschaftliche Geräte, die von Einstein für sein Studium an der ETH benutzt wurden.

Wiederkehr des Antisemitismus

Die Einsteins gehörten offiziell zur jüdischen Religionsgemeinschaft. Im letzten Viertel des 19. Jahrhunderts war der Antisemitismus in Deutschland recht ausgeprägt. Die Juden wurden vor allem für die wirtschaftlichen Schwierigkeiten im Lande verantwortlich gemacht. Gegen Ende der neunziger Jahre wollte Einstein Deutschland den Rücken kehren, um Schweizer Bürger zu werden. Einer der Gründe war dabei sicher auch, den Militärdienst zu vermeiden.

Wieder auf der Schule

Ohne schulischen Abschluß kann man normalerweise kein Studium beginnen. Doch an der Eidgenössischen Technischen Hochschule in Zürich, der berühmten ETH, wurden auch Studenten ohne Abitur angenommen, sofern sie eine Aufnahmeprüfung bestanden. Aber der sechzehnjährige Albert fiel beim ersten Mal durch und entschloß sich, in Aarau bei Zürich weiterhin zur Schule zu gehen. Seinem dortigen Physiklehrer August Tuschmid gelang es, ihn für sein Fach zu begeistern. Ein Jahr später bestand Einstein die Aufnahmeprüfung an der ETH und begann dort 1896 sein Studium.

An der Technischen Hochschule

An der ETH zeigte Einstein kein sonderliches Interesse für die Vorlesungen. Viel lieber befaßte er sich mit eigenen Versuchen, von denen einige ziemlich riskant waren. Er versuchte, den unsichtbaren Äther zu entdecken, den angeblichen Träger des Lichts und anderer Arten elektromagnetischer Wellen (siehe rechter Kasten). Das Experiment mißglückte, und er entging um Haaresbreite einer schweren Verletzung.

Einstein vertiefte sich in die Werke angesehener Physiker. Etwa zweihundert Jahre zuvor hatte Isaac Newton Theorien und Gleichungen erdacht, um die Grundlagen von Materie, Kraft, Bewegung und Schwerkraft zu erklären. Auch die Bücher von Hermann von Helmholtz und Heinrich Hertz hatten es ihm angetan.

Isaac Newton (1643-1727), auf dessen Anschauung über das Universum Einsteins Erkenntnisse basierten.

Die Wellen und der Äther

Im 19. Jahrhundert nahmen Wissenschaftler an, daß sich elektromagnetische Wellen in irgendeiner Substanz fortbewegten. Sie bezeichneten diesen geheimnisvollen Stoff als Lichtäther. Man glaubte, der gesamte Raum zwischen den Sternen wäre von diesem feinsten Stoff erfüllt. Inzwischen ist bekannt, daß es diesen Äther nicht gibt und daß Licht kein Medium wie den Äther braucht, um sich im Universum fortzubewegen.

Neue Herausforderungen

In der Zeit nach Newton haben Wissenschaftler Kräfte und Strahlungen entdeckt, von denen Newton noch nichts gewußt hatte. Michael Faraday, André Ampère und viele andere befaßten sich mit der Erforschung von Elektrizität und Magnetismus. Mitte des 19. Jahrhundert beschrieb James Clerk Maxwell mit Hilfe der Mathematik die Wellen des Elektromagnetismus und folgerte draus, daß das Licht eine besondere Art elektromagnetischer Wellen war. Er behauptete, daß es noch andere Arten von Wellen gab, wie zum Beispiel Radiowellen. Für Einstein galt es, einen neuen wissenschaftlichen Rahmen zu finden, in den diese Entdeckungen jüngeren Datums eingefügt werden konnten.

James Clerk Maxwell

Moleküle in Bewegung

Im Jahre 1900 bestand Albert Einstein die Abschlußprüfung an der ETH. 1901 wurde er Schweizer Bürger. Vergebens bemühte er sich um eine Assistentenstelle an der ETH, doch es kam nur zu einigen Anstellungen als Hilfslehrer in Winterthur und in Schaffhausen. Schließlich bewarb er sich beim Schweizerischen Patentamt in Bern, wo er von 1902 bis 1909 tätig war. Der Posten ließ Einstein Zeit für Diskussionen mit früheren Kollegen von der ETH. 1903 heiratete er Mileva Maric, eine serbische Mathematikerin, die er beim Studium kennengelernt hatte. Aus der Ehe gingen die beiden Söhne Hans Albert und Eduard hervor.

1905 – ein gutes Jahr

Einstein nutzte die Zeit, um seine wissenschaftlichen Arbeiten fortzuführen. Lieber hätte er sich ganztägig mit seinen Forschungen befaßt. Auch fehlten ihm anregende Diskussionen mit anderen Sachkennern auf seinem Gebiet sowie die Lektüre neuer wissenschaftlicher Fachzeitschriften. Dennoch gelang es ihm, drei aufsehenerregende Arbeiten zu veröffentlichen. Eine dieser Arbeiten betraf die Bewegung kleinster in Flüssigkeit oder Gas befindlicher Teilchen. Bereits viele Jahre zuvor hatte der schottische Botaniker Robert Brown diesbezügliche Beobachtungen gemacht, die man später als Phänomen der „Brownschen Molekularbewegung" bezeichnete (siehe Kasten).

Einstein mit seiner ersten Frau Mileva auf einem Foto von 1904. Mileva hält ihren ersten Sohn Hans Albert im Arm.

Brownsche Bewegung

Robert Brown (1773-1858) hatte sich als Botaniker aufgrund seiner mikroskopischen Forschungen einen Namen gemacht. Auf einer Reise durch Australien sammelte er viertausend verschiedene Pflanzenarten.
1827 betrachtete Brown winzige im Wasser schimmernde Pollenkörner durch ein Mikroskop. Durch irgendeine Kraft schienen die Körner wild und völlig unregelmäßig hin und her gestoßen zu werden. Diese schnellen Bewegungen wurden als „Brownsche Bewegungen" bekannt, obwohl Brown seinerzeit deren Ursachen noch nicht zu erkennen vermochte. Es blieb Einstein vorbehalten, die Antwort darauf zu finden.

Einsteins Schreibtisch im Schweizerischen Patentamt in Bern. Die mathematischen Gleichungen auf dem Papier betreffen seine Relativitätstheorie.

Moleküle und Mathematik

Einstein befaßte sich mit der kinetischen Theorie (siehe Kasten) und entwickelte sie weiter unter Zuhilfenahme der Mathematik. Angeregt durch Browns Beobachtungen errechnete er, wie Teilchen von einer bestimmten Größenordnung reagieren würden, wenn sie von Molekülen bestimmter Größenordnung bei wechselnden Geschwindigkeiten getroffen werden. Der österreichische Physiker Ludwig Boltzmann und der amerikanische Physiker Josiah Gibbs hatten bereits Vorarbeiten zu diesem Thema geleistet.

Unabhängig von den beiden war der Physiker Marian Smoluchowski zu ähnlichen Erkenntnissen gelangt wie Einstein.

Nachweis für Atome und Moleküle

Einsteins Berechnungen zur Brownschen Molekularbewegung bedeuteten einen großen Schritt vorwärts. Viele Wissenschaftler sahen darin einen Beweis dafür, daß kleinste Teilchen wie Atome tatsächlich existieren. Bis dahin hatten sich die Vorstellungen von Atomen vornehmlich auf Mutmaßungen beschränkt.

1908 bestätigte der französische Physiker und Chemiker Jean Perrin die von Einstein und Smoluchowski aufgestellten Formeln. Er bestimmte die Bewegungen von in Wasser schwimmenden Baumharz-Teilchen und bewies damit die Richtigkeit von Einsteins Gleichungen. Perrins Untersuchungen wurden als erster eindeutiger experimenteller Nachweis dafür gewertet, daß Atome und Moleküle existieren.

Kinetische Theorie

Gegen Ende des 19. Jahrhunderts wurden die Vorstellungen der alten Griechen von kleinsten Teilchen wieder aufgenommen. Man nahm an, daß sich diese Teilchen in Festkörpern nur wenig zueinander bewegen. Von Teilchen in Flüssigkeiten oder Gasen wurde jedoch vermutet, daß diese stärker in Bewegung seien, wobei sie bei Berührung voneinander und von der Innenwand des Behälters abprallten. Man fand dafür die Bezeichnung kinetische Theorie der Materie. Seinerzeit waren die Wissenschaftler jedoch noch nicht in der Lage, diese Theorie zu beweisen.

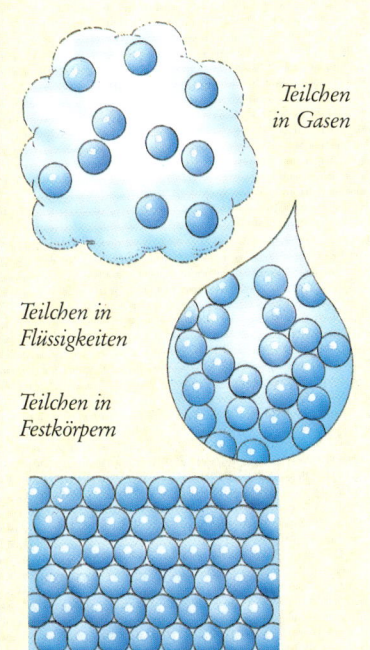

Teilchen in Gasen

Teilchen in Flüssigkeiten

Teilchen in Festkörpern

Mit Hilfe von wissenschaftlichen Großgeräten, den sogenannten „Blasenkammern", kann man die Bahnen und die Zusammenstöße von kleinsten Teilchen sichtbar machen.

Elektromagnetische Wellen

Elektromagnetische Wellen besitzen sowohl elektrische als auch magnetische Energie. In der Leere des Raumes breiten sie sich mit Lichtgeschwindigkeit aus (siehe Seite 15). Die Messung dieser Wellen erfolgt nach folgenden Normen:

● als Wellenlänge bezeichnet man den Abstand vom höchsten Punkt einer Welle zum gleichen Punkt der folgenden Welle.

● Als Frequenz bezeichnet man die Anzahl von Schwingungen in einer bestimmten Zeit, meist in einer Sekunde.

● Hochfrequenzwellen haben kleine Wellenlängen, Niederfrequenzwellen dagegen große Wellenlängen.

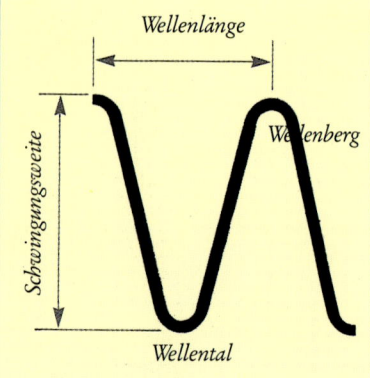

Wellen oder Teilchen

In einer weiteren von Albert Einstein 1905 veröffentlichten Arbeit ging es um die Umwandlung von Lichtenergie in elektrische Energie. Das geschieht, wenn Licht auf bestimmte Metalle trifft. Dabei wird Lichtenergie von den sogenannten Elektronen, den Trägern des elektrischen Stroms, absorbiert. Das hat zur Folge, daß die Elektronen mit hoher Geschwindigkeit aus dem Metall herausgeschleudert werden. Wenn man die Elektronen dann in einen Draht leitet, kann man einen elektrischen Strom messen. Die Umwandlung von Lichtenergie in elektrische Energie bezeichnet man als lichtelektrischen Effekt oder Photoeffekt.

Endlose Debatten

In den zweihundert Jahren vor Einstein stritten sich die Wissenschaftler über die wahre Natur des Lichts. Die einen behaupteten, daß es sich um Wellen handelte, die anderen meinten, daß es aus kleinsten Teilchen bestehe. Zu Zeiten Einsteins war man von der Teilchen-Theorie schon fast abgekommen.

Elektromagnetisches Spektrum (Bereich der elektromagnetischen Wellen):

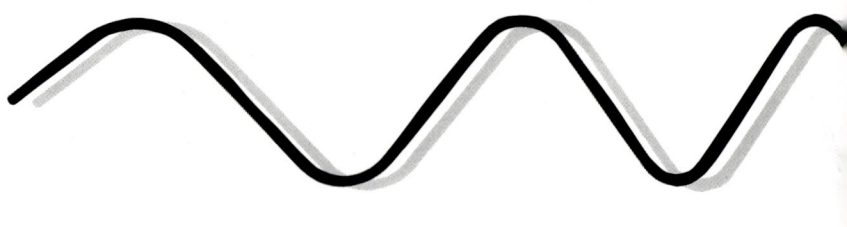

Radiowellen   Mikrowellen   Infrarotstrahlen   sichtbares Licht

Die überwiegende Meinung war, daß die Energie im Licht und in anderen Wellen unaufhörlich fließe. Es sei wohl möglich, diese Energie in ihre Bestandteile zu zerlegen, aber nicht möglich, dabei auch die kleinsten Teilchen zu erfassen.

Erstaunliche Erkenntnisse

Viele Wissenschaftler, unter ihnen auch Joseph John Thomson, befaßten sich mit dem lichtelektrischen Effekt. Sie bestrahlten Metalle mit Licht (und mit anderen elektromagnetischen Wellen) und maßen dann Anzahl und Geschwindigkeit der freigesetzten Elektronen. Man nahm an, daß das Licht als einfache Welle um so mehr Energie besitzen würde, je heller es strahlte, und dadurch die Elektronen um so schneller herausgeschleudert würden. Doch diese Annahme erwies sich als Irrtum. In den Versuchen stellte sich nämlich heraus, daß die Geschwindigkeit der Elektronen von der Frequenz des Lichts abhängig war.

Energie-Portionen — die Quanten

Einstein fand hierfür eine Erklärung, indem er auf einen Gedanken des deutschen Physikers Max Planck zurückgriff.

Planck gelangte 1900 zu einer Formel für die Temperaturstrahlung des absolut schwarzen Körpers, der die elektromagnetische Strahlung aller Wellen, einschließlich des Lichts, vollständig verschluckt, d.h. nichts davon reflektiert. Planck erklärte den Effekt des schwarzen Köpers dahingehend, daß die Strahlungs-Energie nicht stetig fließt, sondern sich nur portionsweise, in einem Vielfachen von bestimmten Energie-Portionen, in sogenannten Quanten, fortbewegt.

Die Farben des Lichts

Verschiedene Frequenzen des sichtbaren Lichts nehmen wir als verschiedene Farben wahr. In einem Spektrum oder Regenbogen aus Sonnenlicht hat Gelblichrot an dem einen Ende eine niedrige und Blauviolett am anderen Ende eine hohe Frequenz.

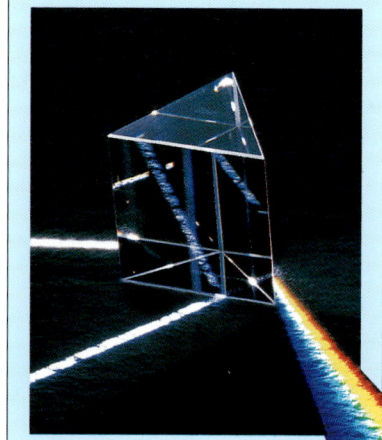

Max Planck (1858-1947), der Begründer der Quanten-Physik, auf dessen Werk Einstein aufbaute.

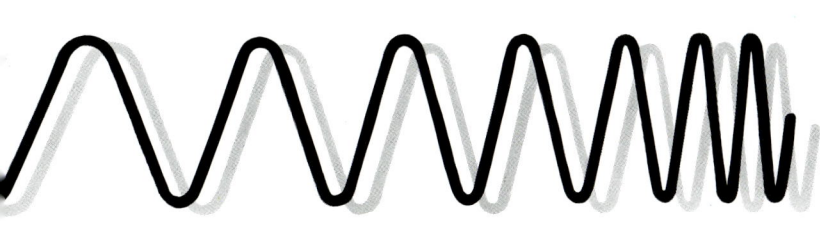

ultraviolette Strahlen   *Röntgenstrahlen*   *Gammastrahlen*

Wellen oder Teilchen?

Licht verwandelt sich in Elektrizität

Die Vorstellung, daß sich die Energie in bestimmten Portionen oder Quanten, den kleinsten Energiemengen, fortbewegt, widersprach der bisherigen Lehrmeinung in der Physik. Doch genau darauf fußte Einsteins Erklärung des lichtelektrischen Effekts. Man stelle sich vor, daß eine Portion der Lichtenergie auf ein Stück Metall auftrifft. Die Energie-Portion, die auf ein Elektron trifft, wird von diesem aufgenommen, worauf es sich mit hoher Geschwindigkeit fortbewegt.

Die Geschwindigkeit des Elektrons hängt von der Menge der Energie in den Licht-Quanten ab. Energie-Portionen (Quanten) von hohen Frequenzen, wie von Blauviolett, haben mehr Energie als beispielsweise Quanten von Gelblichrot. Deshalb ist die Geschwindigkeit derjenigen Elektronen größer, die von hochfrequenten Quanten getroffen werden. Die Helligkeit des Lichts, die sich aus der Zahl der gleichzeitig ankommenden Licht-Portionen ergibt, spielt dabei keine Rolle.

Albert Einstein zu Beginn seiner Tätigkeit am Schweizerischen Patentamt in Bern im Jahre 1902

Das Ende der klassischen Physik

Die Erkenntnisse von Planck und Einstein führten dazu, daß sich die Quantentheorie durchsetzte. Das Lichtquantum – die einzelne Portion der Lichtenergie – wurde als Teilchen oder Partikel begriffen und als Photon bezeichnet. Die Wissenschaft konnte fortan Licht bei einigen Experimenten als Welle betrachten, bei anderen als Teilchen. Man spricht von einer Wellen-Partikel-Dualität. Es war ein Wendepunkt im wissenschaftlichen Denken, die Geburt der Quantenphysik.

Eine spezielle Theorie

Im Jahr 1905 veröffentlichte Einstein seine „Spezielle Relativitätstheorie", „speziell" deshalb, weil sie nur unter besonderen Bedingungen angewendet wird. Die Einzelheiten seiner Gedankengänge und seine mathematische Beweisführung sind außerordentlich kompliziert. Doch der Kerngedanke seiner Theorie und ihre Reichweite kann an einem einfachen Beispiel erläutert werden.

Ein Versuch in der Bewegung

Angenommen, du fährst mit der Eisenbahn. Dort stößt du einen Ball in Fahrtrichtung des Zuges ab. Dabei stellst du fest, daß er sich in einer Sekunde zwei Meter weit auf dem Boden des Waggons voranbewegt. Folglich beträgt die Geschwindigkeit des Balls im Vergleich zu dir zwei Meter pro Sekunde.

Angenommen, dein Freund steht auf dem Bahnsteig und kann durch das Fenster die Geschwindigkeit des Balles messen. Da sich der Ball im Waggon zwei Meter pro Sekunde voranbewegt und der Zug mit 20 Metern pro Sekunde den Bahnhof durchfährt, errechnet dein Freund, daß sich der Ball mit einer Geschwindigkeit von 22 Metern pro Sekunde bewegt.

Wer bewegt sich?

Du hast sicher schon einmal eine einfache Variante des Relativitätsprinzips selbst erlebt: Du besteigst einen Zug. Dieser setzt sich geräuschlos und sacht in Bewegung, so daß du selbst gar nicht wahrnimmst, daß du fährst. Das wird dir erst bewußt, wenn du beim Blick durch das Fenster Objekte vorbeigleiten siehst. Doch als Fahrgast im Zug bewegst du dich scheinbar nicht.

Zug bewegt sich mit 20 m pro Sekunde

Freund auf Bahnsteig

du selbst im Zug

Ball bewegt sich mit 22 m pro Sekunde an deinem Freund vorbei

Ball bewegt sich mit 2 m pro Sekunde von dir weg

Eine spezielle Theorie

Bewegung ist relativ

Wie groß ist nun die tatsächliche Geschwindigkeit unseres Balls? Beträgt sie zwei oder 22 Meter pro Sekunde? Man könnte meinen, daß sie 22 Meter ist, weil sich der Bahnhof ja nicht bewegt. Doch führen wir einmal den Gedankengang fort: Der Bahnhof befindet sich auf der Oberfläche der Erde, die durch den Raum fliegt. Für einen Betrachter in der Weite des Raums bewegt sich die Erde mitsamt dem Bahnhof mit einer Geschwindigkeit von über 30.000 Metern pro Sekunde um die Sonne. Wie man sieht, ist eine bestimmte Bewegung nicht für alle Betrachter immer gleich schnell. Daraus folgt, daß Bewegung und Geschwindigkeit nicht meßbar sind, solange es keinen Bezugspunkt gibt, auf den man sich beziehen kann.

Relativität und Licht

Eine von Einsteins bedeutendsten Erkenntnissen war die Anwendung des Relativitätsprinzips auf das Licht. Aufgrund einer von James Clerk Maxwell aufgestellten mathematischen Gleichung behauptete Einstein, daß die Lichtgeschwindigkeit für alle Betrachter dieselbe sei, ganz gleich wie schnell diese sich auch bewegen mochten. Deshalb ist die Lichtgeschwindigkeit nicht relativ sondern immer gleich. Sie wird in wissenschaftlichen Formeln mit dem Buchstaben c („constant", d.h. beständig) bezeichnet.

Das Relativitätsprinzip

Diese Gedankengänge weisen den Weg zum Prinzip (nicht zur Theorie) der Relativität, mit dem man sich schon seit Galilei und Newton befaßt hatte. Es besagt, daß die Gesetze der Physik, einschließlich derer der Bewegung, für alle die Betrachter und Objekte dieselben sind, die sich bei gleichbleibender Geschwindigkeit und in gerader Linie zueinander bewegen. In unserem Beispiel bewegst du dich ebenso wie der Zug mit derselben Geschwindigkeit in dieselbe Richtung. Das könnte dir den Eindruck vermitteln, daß du und der Waggon stillstehen. Gleichbleibende Geschwindigkeit und die Fahrt auf gerader Strecke sind die „speziellen" Bedingungen für die Spezielle Relativitätstheorie. Die Allgemeine Relativitätstheorie hingegen umfaßt auch wechselnde Geschwindigkeiten und Bewegungen auf Kurvenlinien.

Eine spezielle Theorie

Verlängerter Weg des Lichts

Angenommen, du sitzt wieder im Zug und hast eine sehr genau gehende Uhr. Diese mißt die Zeit, indem sie aus einer Lampe einen Lichtblitz aussendet, der auf einen am Boden liegenden Spiegel trifft, von diesem auf einen Sensor reflektiert wird, der sich neben der Lampe befindet, und das „Ticken" der Uhr auslöst.

Nun fährst du an deinem Freund auf dem Bahnsteig vorbei. Wenn du im fahrenden Zug das Blitzlicht beobachtest, so bewegt es sich zwischen Lampe und Spiegel in gerader Linie auf und ab. Doch was sieht dein Freund? Für ihn bewegt sich jeder Lichtblitz nicht nur senkrecht auf und ab, sondern aufgrund der Bewegung des Zuges auch seitwärts: der Weg des Blitzes im vorbeifahrenden Zug erscheint deinem Freund in V-Form. Der Weg des Lichts ist ein wenig länger, und seine Uhr tickt etwas langsamer.

Die Lichtgeschwindigkeit

Wenn Wissenschaftler von der Lichtgeschwindigkeit sprechen, dann meinen sie die Fortpflanzungsgeschwindigkeit des Lichtes in der Leere des Raums oder in einem Vakuum.

● Newton nahm irrtümlich an, daß das Licht überhaupt keiner Zeit bedarf, um von einem Ort zum anderen zu gelangen.

● Die Lichtgeschwindigkeit beträgt 299 792 Kilometer pro Sekunde. Demnach könnte das Licht in weniger als einer Sekunde siebenmal unsere Erde umkreisen.

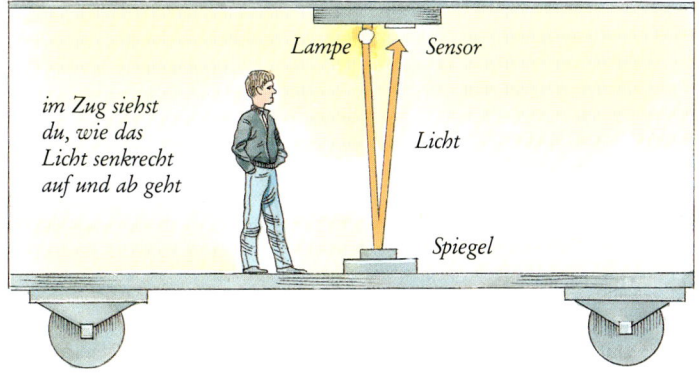

Das Beispiel mit der Uhr soll die Vorstellung veranschaulichen, daß die Zeit relativ ist. Für dich im Zug erscheint der Weg des Lichtstrahls kürzer als für deinen Freund auf dem Bahnsteig. Da jedoch die Lichtgeschwindigkeit für beide Betrachter dieselbe ist, muß es folglich die Zeit sein, die sich verändert.

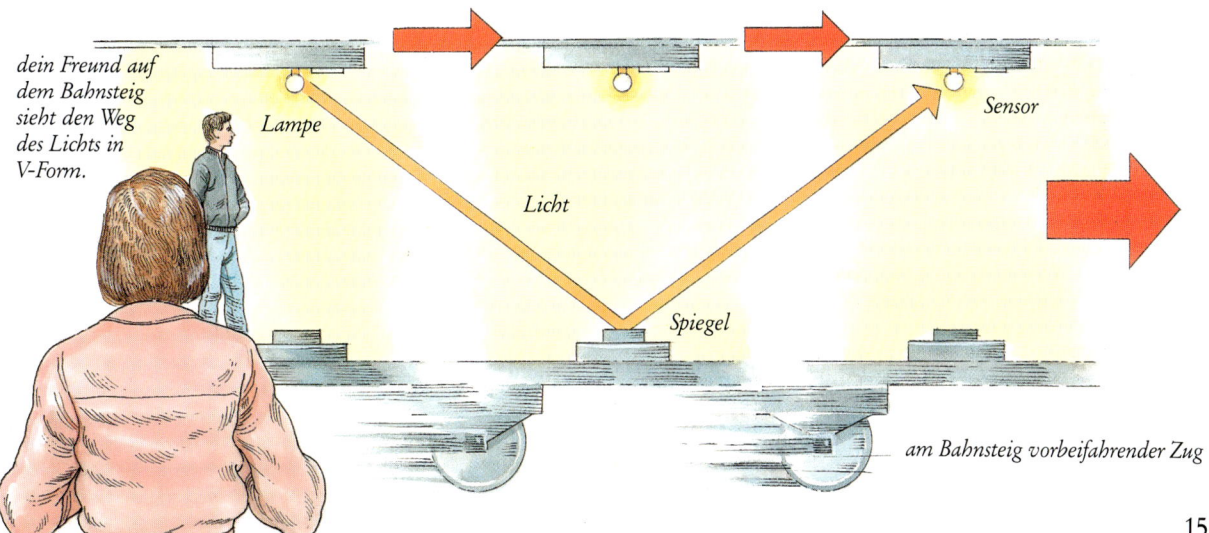

am Bahnsteig vorbeifahrender Zug

15

Eine spezielle Theorie

Masse und Energie

Einsteins berühmteste Gleichung lautet: $E = mc^2$:

E ist die Energie
m ist die Masse
c ist die Lichtgeschwindigkeit, die als c^2 mit sich selbst multipliziert eine sehr große Zahl darstellt.

Daraus ergibt sich, daß aus einer kleinen Menge Materie eine große Menge Energie werden kann. In den heutigen Kernkraftwerken, aber auch in den Atombomben, werden nach diesem Prinzip radioaktive Brennstoffe, wie Uran und Plutonium, in Wärmeenergie umgewandelt.

Brennstäbe werden in einen Atomreaktor eingesetzt.

Bei der Kernspaltung der radioaktiven Brennstoffe wird Energie freigesetzt.

Eine Zusammenkunft der berühmtesten Wissenschaftler der Welt 1911 in Brüssel. Albert Einstein steht als zweiter von rechts, Max Planck als zweiter von links. Marie Curie stützt den Ellbogen auf den Tisch.

Zeit ist relativ

Jetzt wird es ein wenig kompliziert: Wie wir wissen, ist die Lichtgeschwindigkeit konstant, und Geschwindigkeit wird im Verhältnis des zurückgelegten Weges in der dazu benötigten Zeit gemessen. Wenn für deinen Freund der Weg des Lichts länger erscheint, als du ihn festgestellt hast, dann muß das Licht für seinen Weg eben mehr Zeit benötigt haben, und deshalb hat jedes „Ticken" der Uhr zwangsläufig ein wenig länger gedauert. Da deine Uhr aber richtig geht, scheint die Uhr deines Freundes etwas langsamer zu gehen. Daraus folgern wir, daß die Zeit kein absolutes Maß von stets gleicher Wertigkeit ist. Ebenso wie Bewegung ist Zeit für den Betrachter relativ. Nur die Lichtgeschwindigkeit ist die einzige wirkliche Konstante (c).

Ein neuer Rahmen für die Wissenschaft

Die Auffassung von absoluter Bewegung und absoluter Zeit bildeten die Grundlage von Isaac Newtons wissenschaftlichem Lehrgebäude. Mit seinen Theorien und Berechnungen lieferte Einstein jedoch den Beweis, daß sich Newton teilweise geirrt hatte. Die auf der folgenden Seite beschriebenen Hypothesen der Speziellen Relativitätstheorie muten recht merkwürdig an. Sie beziehen sich jedoch nur auf extreme Verhältnisse, wie sie bei außerordentlich hohen Geschwindigkeiten gegeben sind.

Einstein wurde in seinen Gedankengängen maßgeblich durch ein Buch des Physikers Ernst Mach beeinflußt. Mach behauptete, daß es keine absolute Bewegung oder Zeit geben könne.

Merkwürdige Vorgänge bei hohen Geschwindigkeiten

Wenn sich ein Körper im Flug der Lichtgeschwindigkeit nähert, dann geschieht nach den Hypothesen der Speziellen Relativitätstheorie folgendes:

• Die Zeit wird langsamer; man spricht von einer Zeitdehnung. Dieses Phänomen wurde 1941 bei Experimenten mit Elementarteilchen, den sogenannten My-Mesonen, bei hohen Geschwindigkeiten beobachtet. Es trat auch zutage, als 1971 Präzisionsuhren in Düsenflugzeugen um die Erde geflogen wurden. Nach zwei Tagen gingen diese Uhren im Vergleich mit den entsprechenden Uhren auf der Erdoberfläche um den Bruchteil einer Sekunde nach.

• Der Körper wird kleiner, das heißt, er wird in Flugrichtung kürzer. Könnte ein Raumschiff halbe Lichtgeschwindigkeit erreichen, so würde es nur noch sechs Siebtel seiner ursprünglichen Länge aufweisen. Dieser Effekt wurde bereits in den neunziger Jahren des vorigen Jahrhunderts errechnet.

• Ein Körper vermehrt mit seiner Geschwindigkeit seine träge Masse. Dieses Phänomen wurde an Hand von schnellen Teilchen, wie Elektronen, mehrfach nachgewiesen. Aufgrund dieser Erkenntnis entwickelte Einstein seine berühmte Gleichung $E = mc^2$.

Würde ein Raumschiff mit Lichtgeschwindigkeit fliegen, so würde seine Masse unendlich schwer. Seine Länge würde auf Null reduziert, und die Zeit an Bord des Raumschiffes würde stillstehen. Weil aber eine unendliche Menge Energie gebraucht würde, um ein Raumschiff von unendlicher Masse auf Lichtgeschwindigkeit zu beschleunigen, kann es nie die Geschwindigkeit des Lichts erreichen.

Die Sternwarte in Potsdam wurde nach Einstein benannt. Wissenschaftler und Astronomen studieren dort die Phänomene der Raumzeit.

Darstellung des Universums

Einsteins Doktorarbeit „Eine neue Bestimmung der Moleküldimensionen" wurde 1905 in Zürich angenommen, und durch seine Veröffentlichungen im gleichen Jahr war er in der wissenschaftlichen Fachwelt berühmt geworden. 1908 berief man ihn an die Berner Universität. 1909 trug ihm die Universität in Zürich einen Lehrstuhl als Professor für Theoretische Physik an. 1911 kam er in der gleichen Eigenschaft an die Prager Universität. 1914 erhielt er den in Europa für einen Physiker als besondere Auszeichnung angesehenen Ruf nach Berlin als Direktor des weltberühmten Kaiser-Wilhelm-Instituts für Physik und blieb dort in dieser Eigenschaft bis 1933.

Die Spezielle Relativitätstheorie über die Elektrodynamik bewegter Körper genügte noch nicht Einsteins hohen Ansprüchen. Von 1907 an arbeitete er an einer Erweiterung seiner grundlegenden Arbeiten. Bis 1915 vollendete er seine „Allgemeine Relativitätstheorie", die ein Jahr später veröffentlicht wurde.

Ebenso wie seine spezielle Theorie ist die allgemeine Theorie eine überaus komplizierte Gedankenarbeit, deren wesentlichste Erkenntnisse jedoch in vereinfachter Form zu erklären sind.

Einsteins Theorien ermöglichen ein besseres Verständnis für die Beschaffenheit des Universums, angefangen von der Schwerkraft, wie wir sie zum Beispiel auf der Erde empfinden, bis zu den Bewegungen der Sterne und Planeten durch Raum und Zeit.

Astronauten im All

Beim Start eines bemannten Raumschiffes liegt der Astronaut auf einem speziellen Sitz, auf den er durch die Schwerkraft der Erde gezogen wird. In der ersten Flugphase, während der Beschleunigung, erhöht sich sein Körpergewicht auf das Sechsfache. Mit zunehmender Entfernung von der Erde läßt die Wirkung der Schwerkraft ständig nach, bis das Raumschiff in der Leere des Alls mit gleichbleibender Geschwindigkeit dahinfliegt. Da es dann weder Schwerkraft noch Beschleunigung mehr gibt, wird der Astronaut schwerelos und schwebt durch die Kabine. Nehmen wir an, daß der Astronaut schläft und beim Erwachen feststellt, daß er wieder auf seinen Liegesitz niedergedrückt wird. Was kann das für Ursachen haben? Es gibt zwei Möglichkeiten: Entweder ist er auf der Erde gelandet und ist wieder deren Schwerkraft ausgesetzt, oder das Raumschiff wurde durch Zündung der Steuerraketen noch weiter beschleunigt. Ob Schwerkraft oder Beschleunigungsschub auf ihn einwirkt, vermag er ohne Beobachtung nicht zu unterscheiden.

vor dem Start   schwerelos im Raum   beim Erwachen

Das Äquivalenzprinzip
(Prinzip der Gleichwertigkeit)

Im Jahr 1907 erkannte Einstein, daß die Schwerkraft gleichwertig ist mit der Kraft, die bei Beschleunigung wirkt. Zwischen beiden zu unterscheiden ist nicht möglich (siehe Kasten). Einstein sprach vom Äquivalenzprinzip.

Nach diesem Prinzip sind die zwei Kräfte, die für die Masse eines Körpers maßgebend sind, identisch: die Kraft, mit der die Schwerkraft auf ihn einwirkt (und ihm Gewicht verleiht), und die Kraft, die für eine Beschleunigung des Körpers erforderlich ist. In der heutigen Wissenschaft werden beide Möglichkeiten genutzt. Man spricht von der schweren Masse und von der trägen Masse, und beide sind äquivalent oder wesensgleich.

Da Masse und Energie gleichwertig sind, folgerte Einstein daraus, daß die Masse eines großen Körpers, beispielsweise der Sonne, einen Lichtstrahl aufgrund der in diesem enthaltene Energie anziehen, d.h. krümmen müßte.

Darstellung des Universums

Die Vorstellung, daß Zeit relativ ist, ist ein Thema vieler Geschichten. Eine der bekanntesten ist die 1895 erschienene Erzählung „Die Zeitmaschine" von H.G. Wells.

Raum und Zeit

Der Gedanke der speziellen Relativität hat auch andere Wissenschaftler beschäftigt. 1908 behauptete der deutsch-russische Mathematiker Hermann Minkowski, daß es nicht nur drei Dimensionen gäbe, sondern vier. Der Begriff „dreidimensional" ist uns geläufig (siehe Kasten). Minkowskis vierte Dimension ist die Zeit. Angesichts unserer irdischen Zeitbegriffe wäre es problematisch, diese vierte Dimension graphisch darzustellen.

Für die Einbeziehung der vierten Dimension in seine Berechnungen machte sich Einstein die Gedanken vieler anderer Wissenschaftler zunutze. Dazu zählt auch das von dem deutschen Mathematiker Bernhard Riemann 1850 entwickelte geometrische System als wichtigstes mathematisches Hilfsmittel der allgemeinen Relativitätstheorie.

Die drei Dimensionen

Eine auf einem Papier gezogene Linie hat nur eine Dimension: Die Länge.

Ein Quadrat hat zwei Dimensionen: Länge und Breite.

Ein Würfel hat drei Dimensionen: Länge, Breite und Tiefe.

Die vierte Dimension ist Zeit. Damit ergibt sich insgesamt die „Raumzeit", eine Verbindung der drei Dimensionen des Raums mit der einen der Zeit. Sie zweidimensional auf Papier oder dreidimensional als Modell darzustellen ist schwierig, sie jedoch mit Hilfe der Mathematik zu erklären ist weniger kompliziert.

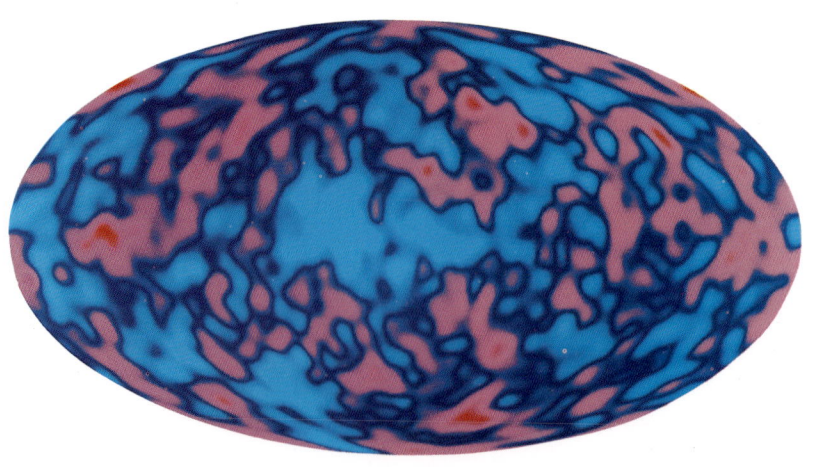

Die Erforschung der Strahlung im Weltraum macht wahrscheinlich, daß der Ursprung des Universum ein „Urknall" gewesen sein muß. Seit dem Urknall dehnt sich das Universum aus.

Darstellung des Universums

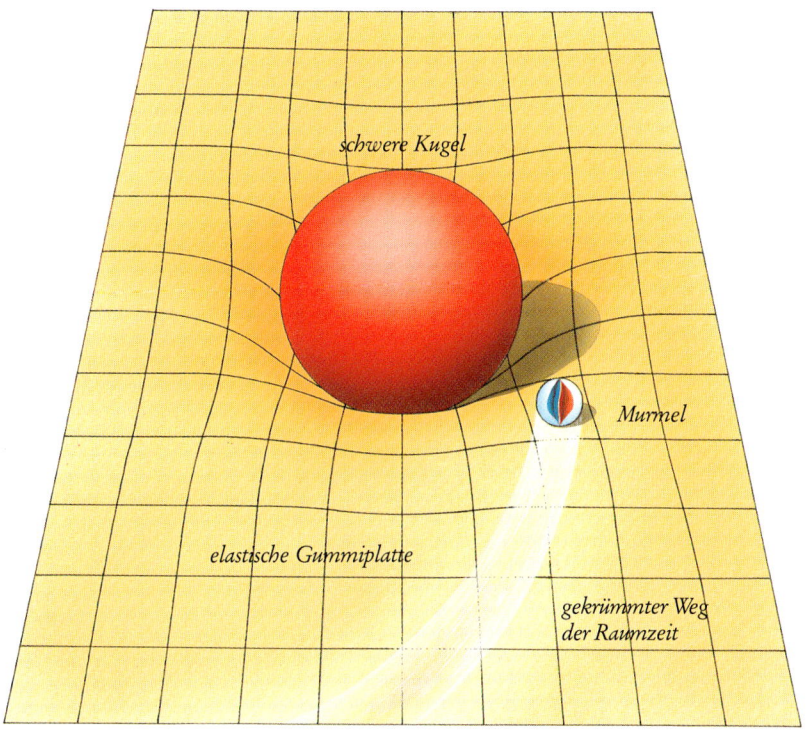

Raumzeit

Einstein und andere Wissenschaftler entwickelten den Begriff der Raumzeit, eine Kombination der drei Dimensionen des Raums mit der vierten Dimension der Zeit. Die Raumzeit ist durch die Masse der Himmelskörper gekrümmt. Je größer die Masse dieser Körper ist, desto größer ist ihr Schwerefeld und desto gekrümmter ist die Raumzeit.

Das klingt sehr theoretisch, man kann es aber gut veranschaulichen, wenn man sich eine dünne Gummiplatte mit einem quadratischen Gitternetz vorstellt.

Rollt man eine Murmel über diese Platte, wird diese sich in gerader Linie fortbewegen ähnlich einem Raumschiff, das einen Bereich mit „ruhiger" Raumzeit durchfliegt. Legt man jedoch eine große schwere Kugel auf die Gummiplatte, so wird diese sich unter dem Gewicht durchbiegen und dabei das Gitternetz verzerren. In unserem Beispiel stellt die große Kugel die Riesenmasse eines Planeten dar, der die Raumzeit verzerrt. Gibt man nun die Murmel dazu, rollt sie in die Vertiefung zum Planeten hinunter. Dabei folgt sie der Krümmung der Raumzeit zur Masse hin wie ein Raumschiff, das von der Schwerkraft eines Himmelskörpers angezogen wird.

Heutige Nutzanwendung

Die Allgemeine Relativitätstheorie zielte darauf ab, die Vorgänge im Universum zutreffender darzustellen als nach Newtons Lehrmeinung. Einsteins Vorhaben war von Erfolg gekrönt. Die allgemeine Relativität war bis zu den sechziger Jahren jedoch kaum von Nutzen (siehe Seite 26). Erst dann wurde man sich bewußt, daß sie sich hervorragend eignete, um Raum, Zeit, Bewegung und Schwerkraft zu erklären.

Das sich ausdehnende Universum

Da man um die Jahrhundertwende das Universum für statisch, also gleichbleibend groß hielt, fügte Einstein seinen Gleichungen eine Zahl hinzu, die er als kosmologische Konstante bezeichnete, um ein statisches Universum zu definieren. Der sowjetische Wissenschaftler Alexander Friedmann wies jedoch nach, daß ein sich ausdehnendes, also unendliches, Universum wahrscheinlicher sei. Der amerikanische Astronom Edwin Hubble und andere kamen durch ihre Entdeckungen zu der gleichen Auffassung. Für Einsteins kosmologische Konstante bestand kein Bedarf mehr.

Frieden und Krieg

Nach Veröffentlichung seiner Allgemeinen Relativitätstheorie im Jahr 1916 wurde Einstein bewußt, daß er damit seine vermutlich größte wissenschaftliche Leistung vollbracht hatte. 1921 erklärte er, daß es nun Sache der jungen Generation sei, sich praktisch als Forscher und Entdecker zu bewähren; für ihn gehöre eine Betätigung dieser Art der Vergangenheit an. In den zwanziger und dreißiger Jahren sprach sich Einstein gegen eine weitergehende Anwendung der Quantenhypothesen in der Physik aus. Diese wurden von Niels Bohr mit seiner „Abhandlung über Atombau" entwickelt, sowie von Werner Heisenberg mit seinen „Unschärferelationen" und von Max Born mit seiner „Deutung der Wellenmechanik".

Einstein sagte einmal: „Der liebe Gott würfelt nicht" und bezog sich damit auf die intensive Einbeziehung von Wahrscheinlichkeiten bei den Berechnungen. Obwohl er sich hier auf einem falschen Weg befand, blieb Einstein der bedeutendste Wissenschaftler seiner Zeit.

Anfeindungen in Deutschland

Albert Einstein war sowohl als Physiker als auch als Jude den Anfeindungen einiger deutscher Fachkollegen ausgesetzt. Einer von ihnen war der Physiker Philipp Lenard, der sich mit Kathodenstrahlen und dem lichtelektrischen Effekt befaßte. 1919 machte sich Lenard für eine „deutsche Physik" stark, an der kein Jude Anteil haben dürfe. Lenard, ein leidenschaftlicher Nationalist, brandmarkte Einstein als Pazifisten, Sozialisten und Zionisten. Lenard gehörte zu den wenigen Physikern, die im nationalsozialistischen Deutschland blieben.

Die Theorien des dänischen Physikers Niels Bohr (1885-1962) führten zu einem besseren Verständnis der Atome. Er war der Ansicht, daß sich Elektronen in gewissen Bahnen oder „Schalen" bewegten.

Einstein war bestürzt über das Erstarken des Nationalsozialismus in Deutschland und über die Zurschaustellung militärischer Macht.

Frieden und Krieg

Einstein wurde aufgrund seiner wissenschaftlichen Leistung und seiner Ansichten über Politik und den Frieden der Völker zu einer berühmten Persönlichkeit. 1921 jubelten ihm bei einem Aufenthalt in New York die Menschen zu.

Politik und Antisemitismus

1913 war Einstein zum Direktor des Kaiser-Wilhelm-Instituts für Physik in Berlin ernannt worden. Um diese Zeit erhielt in Deutschland der Antisemitismus neuen Auftrieb und führte dazu, daß Einstein von anderen Wissenschaftlern angefeindet wurde.

Nach der Niederlage Deutschlands im Ersten Weltkrieg wurden deutsche Wissenschaftler nur noch selten zu internationalen Kongressen eingeladen. Doch als Jude und populärer Pazifist war Einstein als Botschafter der deutschen Wissenschaft überall willkommen.

1921 erhielt Einstein den Nobelpreis für Physik, jedoch nicht in Würdigung seiner Relativitätstheorie, sondern für seine weniger bedeutsame Entdeckung des photoelektrischen Effekts. Theorien sind nicht nobelpreiswürdig; die Ablenkung des Lichts durch die Sonne wurde erst später nachgewiesen.

1919 wurde die Ehe Einsteins mit Mileva geschieden. Noch im selben Jahr heiratete er seine Cousine Elsa. Das Foto zeigt beide bei einem Besuch in Madrid.

Von Deutschland nach Amerika

Auch Anfang der dreißiger Jahre warnte Einstein weiterhin vor der politischen Entwicklung in Deutschland. Im Januar 1933 übernahm Hitlers Nationalsozialistische Partei die Regierung, und es begann die Verfolgung, Verhaftung und Ermordung von politischen Gegnern, religiösen und ethnischen Minderheiten. Zum Zeitpunkt der Machtergreifung Adolf Hitlers befand sich Einstein in den Vereinigten Staaten. In der Erkenntnis, daß er aufgrund seiner politischen Überzeugung und des jüdischen Glaubens in Deutschland seines Lebens nicht mehr sicher sein konnte, kehrte Einstein nicht mehr dorthin zurück.

Schon Anfang 1932 erhielt er das Angebot für eine Professur in Princeton, New Jersey, und er beschloß, es anzunehmen. Wie er verließen auch viele andere religiös oder politisch verdächtige bzw. verfolgte Wissenschaftler Deutschland. Einstein behielt Princeton für den Rest seines Lebens als Wohnsitz.

Einsteins Haus in Princeton, New Jersey, der Wahlheimat der restlichen 22 Jahre seines Lebens.

Adolf Hitler bei einer Rede vor Parteigenossen der NSDAP. 1939 begann durch den Überfall deutscher Truppen auf Polen der Zweite Weltkrieg, der bis 1945 dauerte und Millionen Opfer forderte.

Frieden und Krieg

Ein großer Verlust

In seinem Charakter war Albert Einstein zurückhaltend, gütig und hilfsbereit. Es lag ihm nicht, aus seinem Weltruf Nutzen zu ziehen, um zu Einfluß und Reichtum zu gelangen. Er bevorzugte ein Leben in der Stille und fand Freude an der Musik und beim Segeln.

In seinen späteren Jahren äußerte Einstein weiterhin engagiert seine Ansichten zum politischen und wissenschaftlichen Geschehen. In den fünfziger Jahren protestierte er in den USA gegen die Methoden des Senats-Ausschusses zur Untersuchung „unamerikanischer Aktivitäten" und gegen die niederträchtige Verdächtigung von Menschen als Staatsfeinde. Er setzte sich für die Ächtung aller Atomwaffen ein, obwohl er im Zweiten Weltkrieg die amerikanische Regierung gedrängt hatte, die erste Atombombe zu bauen (siehe Kasten).

Selbst noch Ende der fünfziger Jahre veröffentlichte Einstein wissenschaftliche Arbeiten, auch wenn er in diesem Lebensabschnitt nicht mehr zum inneren Kreis der wissenschaftlichen Elite gehörte. Doch als er im Alter von 76 Jahren, am 18. April 1955 in Princeton starb, wurde sich die Welt bewußt, daß sie einen der größten wissenschaftlichen Geister aller Zeiten verloren hatte.

Die Atombombe

Als 1939 der Zweite Weltkrieg ausbrach, wurde Einstein gedrängt, den amerikanischen Präsidenten Franklin D. Roosevelt (oben) brieflich aufzufordern, die Entwicklung einer Atombombe einzuleiten. Viele andere Wissenschaftler schlossen sich an. Sie wußten, daß Otto Hahn mit seinen Kollegen die Kernspaltung entdeckt hatte, welche mit der Freisetzung ungeheurer Mengen an Energie verbunden ist. Man befürchtete, daß Deutschland Waffen entwickeln würde, die auf Atomkraft basierten. Einsteins Initiative hatte zur Folge, daß die Amerikaner als erste die Atombombe entwickelten. Durch den Abwurf zweier Atombomben im August 1945 wurde Japan zur sofortigen Kapitulation gezwungen, und auch in Asien der Zweite Weltkrieg beendet.

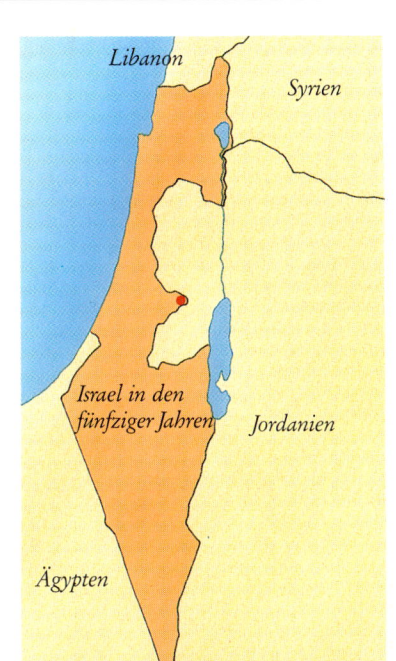

Einstein als Staatspräsident

Einstein setzte sich leidenschaftlich für die Errichtung eines unabhängigen jüdischen Staates im Mittleren Osten ein. 1948 wurde der Staat Israel gegründet. 1952 erhielt Einstein das Angebot, Staatspräsident Israels zu werden, doch er lehnte ab.

Die Flagge Israels

Was kam nach Einstein?

Die beiden Relativitätstheorien sind heute Grundlage wissenschaftlicher Forschung. Doch die Art und Weise, wie die Wissenschaft daraus Nutzen zog, war unterschiedlich.

Die Spezielle Relativitätstheorie wurde in nur wenigen Jahren akzeptiert. Sie lag in der Grundrichtung der Forschung und gab Antworten auf die von Wissenschaftlern gestellten Fragen. Überdies wurde sie in den wichtigsten Forschungsvorhaben jener Zeit, wie der Kernphysik und der Quantenmechanik, angewendet. Heute gehört sie zum täglichen Rüstzeug von Physikern, die sich mit der Zusammensetzung von Materie und mit den Kräften, welche diese zusammenhält, befassen.

Erforschung des Universum

Die Allgemeine Relativitätstheorie findet ihre Anwendung in weit größerem Rahmen in der Erforschung von Sternen und Galaxien in der Weite des Weltraums. Weil man anfangs nur begrenzte Möglichkeiten einer praktischen Anwendung sah, verging viel Zeit bis man Einsteins Theorie akzeptierte. Für ihn selbst bildete sie das Fundament, um die zugrunde liegende Ordnung und Gesetzmäßigkeit des Universums zu erklären.

Erst als in den sechziger Jahren die Energie der gewaltigen Teilchenbeschleuniger und anderer wissenschaftlicher Geräte immer weiter gesteigert wurde, war es möglich, Einsteins Theorie mit Hilfe von Experimenten zu beweisen.

Entdeckungen im Raum

In den letzten Jahrzehnten haben Astronomen in der Weite des Weltraums erstaunliche Objekte wie Quasare, Pulsare und Schwarze Löcher mit unvorstellbar starken Schwerefeldern entdeckt. In solchen Bereichen ist die Raumzeit extrem gekrümmt. Eine Grundlage der Weltraumforschung ist die Allgemeine Relativitätstheorie, mit deren Hilfe auch die Theorie des Urknalls entwickelt wurde, einer riesigen Explosion, durch die das Universum entstand.

Die große Leistung Einsteins wurde in vielfältiger Weise gewürdigt: durch Medaillen und Gedenktafeln, durch Ehrenpreise, Ortsnamen und Namen von Straßen und Plätzen.

$E = mc^2$

Fortschreitende Entwicklung

In seinen späteren Jahren forschte Einstein weiterhin nach einer Theorie, mit der er Schwerkraft, Elektromagnetismus und andere Arten von Kraft und Energie in einer mathematischen Gleichung zusammenfassen konnte. Mit Hilfe dieser Gleichung wollte er die Beschaffenheit des Universums definieren. Doch es gelang ihm nicht. Noch heute ist die Wissenschaft auf der Suche nach einer solchen Theorie, die alles in einen Zusammenhang bringt oder vereinheitlicht. Man spricht von der Allgemeinen Feldtheorie, der Großen Vereinheitlichten Theorie (englischsprachige Abkürzung GUT) oder der Weltformel, die alle neuen Erkenntnisse einbezieht. Man gibt die Hoffnung nicht auf, eines Tages Einsteins Traum von solch einer allumfassenden Theorie zu verwirklichen.

Namensgeber für ein Element

Ein chemisches Element wurde zu Ehren Einsteins benannt: das Einsteinium. Es ist ein Transuran, d.h. ein schwereres Element als Uran, und hat die Ordnungszahl 99. Das Einsteinium kann nur künstlich gewonnen werden. Es entsteht hauptsächlich bei Atomexplosionen, und es zerfällt fast augenblicklich in mehrere Bruchstücke.

Die Welt zu Einsteins Zeit

	1879 – 1900	**1901 – 1925**
Wissenschaft	**1879** Albert Einstein wird geboren **1882** der deutsche Bakteriologe Robert Koch entdeckt den Tuberkulosebazillus **1888** der deutsche Physiker Heinrich Hertz entdeckt die elektrischen Wellen	**1911** Marie Curie erhält den Nobelpreis für die Entdeckung des Radiums und Poloniums **1911** der englische Physiker Ernest Rutherford entdeckt, daß Atome aus einem Kern und einer Hülle bestehen **1913** der dänische Physiker Niels Bohr schafft die Grundlage der modernen Atomtheorie
Fortschritt	**1876** der deutsche Ingenieur Nikolaus Otto erfindet den Viertakt-Verbrennungsmotor **1882** der amerikanische Ingenieur Thomas Edison baut das erste Elektrizitätswerk in New York **1895** die Brüder Lumière stellen in Paris ihren Kinematographen vor	**1901** dem Italiener Guglielmo Marconi gelingt die drahtlose transatlantische Nachrichtenübertragung **1911** der Norweger Roald Amundsen erreicht als erster den Südpol **1914** in Mittelamerika wird der Panama-Kanal eröffnet
Politik	**1881** die Aufteilung Afrikas in Kolonien führt zu Rivalitäten zwischen England, Deutschland, Frankreich und Italien. **1882** geheimes Verteidigungsbündnis „Dreibund" zwischen Deutschland, Österreich-Ungarn und Italien	**1914** Ausbruch des Ersten Weltkrieges **1917** unter Führung von Lenin errichten die Bolschewisten eine Sowjetregierung **1918** Ende des Ersten Weltkrieges **1919** Gründung der „Deutschen Arbeiterpartei" (dann NSDAP); Hitler wird 7. Mitglied
Kultur	**1879** in Altamira (Spanien) werden Höhlenmalereien der Altsteinzeit entdeckt **1891** Friedrich Engels schreibt „Die Entwicklung des Sozialismus von der Utopie zur Wissenschaft" **1896** der Industrielle Alfred Nobel stiftet die Nobelpreise	**1901** Thomas Mann veröffentlicht den Roman „Die Buddenbrooks" **1903** Oskar von Miller gründet in München das Deutsche Museum **1924** die Maler Marc Chagall, Salvador Dali und Max Ernst begründen den Surrealismus

Die Welt zu Einsteins Zeit

1926–1950

1928	der schottische Bakteriologe Alexander Fleming entdeckt das Antibiotikum Penicilin
1938	der deutsche Chemiker Otto Hahn stellt die Spaltbarkeit des Urankerns fest
1942	dem italienischen Physiker Enrico Fermi gelingt die Erzeugung von Atomenergie durch Uranspaltung
1929	Weltumfahrt des deutschen Luftschiffs „Graf Zeppelin" unter Hugo Eckener
1933	Beginn des Baus von Autobahnen in Deutschland und in den USA
1939	erster Passagier-Atlantikflug der Pan American World Airways „PAA"
1933	Adolf Hitler wird zum deutschen Reichskanzler ernannt und errichtet die NS-Diktatur
1939	Hitler löst durch den Einmarsch in Polen den Zweiten Weltkrieg aus (bis 1945)
1949	die Bundesrepublik Deutschland und die Deutsche Demokratische Republik werden gegründet
1926	der amerikanische Trickfilmzeichner Walt Disney hat erste Erfolge mit seiner Mickymaus
1933	die Nationalsozialisten verbrennen 20.000 Bücher „undeutschen Geistes"
1949	der englische Schriftsteller George Orwell veröffentlicht „1984" als Vision einer totalen Diktatur

1951–1975

1953	der englische Chemiker Frederick Sanger entdeckt die Struktur des Insulins
1955	Albert Einstein stirbt
1957	der deutsche Physiker Rudolf Mössbauer entdeckt die rückstoßfreie Gammastrahlen-Emission
1957	die Sowjetunion startet den ersten Erdsatelliten „Sputnik"
1961	der sowjetische Astronaut Jurij Gagarin fliegt als erster Mensch in den Weltraum
1969	der amerikanische Astronaut Neil Armstrong betritt als erster Mensch den Mond
1957	sechs europäische Staaten gründen die Europäische Wirtschaftsgemeinschaft „EWG" (heute Europäische Union von 12 Staaten)
1975	Abschluß der KSZE-Konferenz in Helsinki zur Achtung von nationalen Grenzen und von Menschenrechten
1956	die Architekten Oscar Niemeyer und Lucio Costa beginnen mit dem Bau der Hauptstadt Brasilia
1960	die britische Popgruppe „The Beatles" wird mit Paul McCartney, George Harrison, John Lennon und Ringo Starr gegründet

Erläuterungen

Allgemeine Feldtheorie, heute eher bekannt als „Weltformel" und „GUT" (s. S. 27): Das Bestreben, alle Kräfte, Eigenschaften und Funktionen des Universums in einer Gleichung zu erfassen, was bisher noch niemandem gelungen ist.

Atombombe: In den Atombomben erfolgt explosionsartig die Spaltung von bestimmten Atomkernen durch Neutronen. Dabei wird nicht nur eine ungeheuer große Energie frei, sondern auch eine enorme Menge an radioaktiver Strahlung, die ihrerseits unermeßlichen Schaden anrichtet. Die ersten Atombomben wurde 1945 während des Zweiten Weltkrieges über den japanischen Städten Hiroshima und Nagasaki gezündet.

Atome: Kleinste Teilchen eines chemischen Elements mit den Eigenschaften des Elements. Atome können in noch kleinere Elementarteilchen (Elektronen, oder Nukleonen wie Neutronen und Protonen) gespalten werden, doch diese weisen dann nicht mehr die physikalischen und chemischen Eigenschaften des ursprünglichen Stoffes auf (siehe auch Element).
Nach neuesten Erkenntnissen bestehen aber wahrscheinlich auch die Protonen und Neutronen aus noch kleineren Bausteinen.

Elektromagnetische Schwingungen: Periodische Zustandsänderungen des elektromagnetischen Feldes, die durch Wechselströme verursacht und als elektromagnetische Wellen in den Raum abgestrahlt werden, wo sie sich mit Lichtgeschwindigkeit ausbreiten. Zu den elektromagnetischen Wellen gehören so verschiedene Erscheinungsformen wie Gammastrahlen, Röntgenstrahlen, Licht, Wärmestrahlen und Radiowellen. Sie alle unterscheiden sich physikalisch allein durch die Wellenlänge voneinander (s. S. 10). Diese bedingen verschiedene Meßverfahren.

Elektron: Ein elektrisch negativ geladenes leichtes Elementarteilchen. Elektronen sind die Bausteine der Hülle der Atome. Jedes neutrale Atom enthält so viele Elektronen, wie seine Ordnungszahl angibt. Elektronen sind auch die Träger des elektrischen Stroms.

Element: Die chemischen Elemente sind Grundstoffe, die durch chemische Verfahren nicht weiter zerlegt werden können (z.B. Eisen, Sauerstoff). Zur Zeit sind 109 chemische Elemente bekannt (die Elemente mit den Ordnungszahlen 95 bis 109 sind nur künstlich mit Hilfe von Kernreaktionen darstellbar. Einsteinium hat die Ordnungszahl 99). Stoffe, die aus mehreren chemischen Elementen zusammengesetzt sind, heißen chemische Verbindungen.

Elementarteilchen: Teilchen, die noch kleiner sind als Atome. Die drei hauptsächlichen Arten von Elementarteilchen, aus denen ein Atom besteht, sind die Protonen und Neutronen im Kern des Atoms sowie die Elektronen, die sich um den Kern herum bewegen.

Frequenz: Anzahl der Schwingungen in der Zeiteinheit, gemessen in Hertz, d.h. Schwingungen/Sekunde. Man unterscheidet zwischen Nieder-, Mittel-, Hoch- und Höchstfrequenzen.

Gravitation oder Schwerkraft: Die Anziehungskraft, die Massen aufeinander ausüben. Einstein deutete die Gravitation in seiner allgemeinen Relativitätstheorie als Änderung der geometrischen Struktur (Krümmung) des Raumes durch die Anwesenheit von Massen. Man bezeichnet damit auch die Kraft, die von der Erde ausgeht, kleinere Körper anzieht und ihnen damit ihr Gewicht gibt.

Kernphysik: Teilgebiet der Physik, in dem die Eigenschaften und Wechselwirkungen der Atomkerne untersucht werden. Die Kernphysik als jüngster Zweig der Physik hat erst in den letzten Jahrzehnten ein Bild vom Aufbau und von den Eigenschaften der Atomkerne gewonnen.

Masse: Grundeigenschaft der Materie und daher Grundgröße der Physik. Aufgrund seiner „trägen Masse" setzt jeder Körper der Änderung des Bewegungszustandes einen Widerstand entgegen. Die „schwere Masse" ist die Ursache der Gravitation, die Körper aufeinander ausüben. Eine der Grundlagen der allgemeinen Relativitätstheorie ist die Gleichheit von träger und schwerer Masse. Die Masse unterscheidet sich vom Gewicht, das von der darauf einwirkenden Schwerkraft abhängig ist. Die Masse eines Astronauten ist auf dem Mond auf der Erde dieselbe, aber sein Gewicht ist verschieden.

Nobelpreis: Der schwedische Chemiker und Industrielle Alfred Nobel vermachte den größten Teil seines Vermögens einer Stiftung, die seit 1901 jährlich die Nobelpreise verleiht. Sie werden für die bedeutendsten Leistungen auf den Gebieten Physik, Chemie, Medizin, Literatur, des Friedens und der Wirtschaftswissenschaften vergeben.

Physik: Die Wissenschaft von den Naturvorgängen, die durch Beobachtung und Messung festgestellt, verfolgt, gesetzmäßig erfaßt und damit in mathematischen Formeln dargestellt werden können. Etwa den Sinneswahrnehmungen entsprechend läßt sich die Physik in Mechanik, Wärmelehre, Akustik und Optik einteilen; ergänzend treten hinzu die Elektrizitätslehre, einschließlich des Magnetismus, und die Atomphysik.

Physikalische Konstante: In den physikalischen Gesetzen vorkommende sogenannte „Naturkonstanten", wie z.B. die Lichtgeschwindigkeit, das Plancksche Wirkungsquantum, die Gravitationskonstante.

Quantentheorie: Die Theorie des physikalischen Verhaltens winziger physikalischer Teilchen. Diese Theorie führte zu der Vorstellung, daß die Atome ihre Strahlungsenergie nicht stetig, sondern portionsweise in bestimmten Quanten (Energie-Portionen) aussenden oder aufnehmen.

Radioaktivität: Eigenschaft einer Reihe von Atomkernen, sich ohne äußere Beeinflussung in andere Atomkerne umzuwandeln und dabei radioaktive Strahlung auszusenden.

Spektrum: Beim sichtbaren Licht das bunte Lichtband, das entsteht, wenn man z.B. unter Verwendung eines Prismas weißes Licht in seine Farben zerlegt. Es beginnt bei Blauviolett und geht über Blau, Grün, Gelb, Orange bis Gelblichrot.

Teilchenbeschleuniger: Gerät oder Anlage zur Beschleunigung von geladenen Teilchen (Elektronen, Protonen, Ionen) für künstliche Kernumwandlungen, auch für Bestrahlungen. Schwere Teilchen werden meist durch Gasentladungen erzeugt. Leichte Teilchen, also Elektronen, beschleunigt man mit der Elektronenschleuder oder dem Elektronen-Synchroton.

Unschärferelation: Eine von Werner Heisenberg aus der Quantenmechanik abgeleitete Beziehung, die zum Ausdruck bringt, daß Ort und Impuls eines Teilchens nicht zugleich mit beliebiger Genauigkeit bestimmt werden können. Daraus folgt, daß man nicht alles genau so messen kann, wie man möchte, sondern nur mit einer gewissen Wahrscheinlichkeit oder Unschärfe. Manche Physiker und Philosophen leiten daraus auch die Willensfreiheit des Menschen ab.

Vakuum: Luftleerer bzw. luftverdünnter Raum. Ein totales Vakuum zu schaffen, ist im allgemeinen nicht möglich, weil in der Luft eine Fülle mikroskopisch kleiner Teilchen und Gasmoleküle schweben.

Stichwortverzeichnis

Äther 7
Allgemeine Feldtheorie 30
Antisemitismus 6, 22, 23, 24
Äquivalenzprinzip 19
Astronaut 19
Atom 5, 9, 30
Atom-Bombe 16, 25, 30

Bequerell, Antoine Henri (1852-1908, franz. Physiker) 5
Bern 8, 12, 18
Bohr, Niels (1885-1962, dän. Physiker) 22
Born, Max (1882-1970, dt. Physiker) 22
Brown, Robert (1773-1858, brit. Botaniker) 8, 9
Brownsche Molekularbewegung 8, 9
Curie, Marie (1867-1934, poln.-franz. Physikerin und Chemikerin) 16

Dimensionen 20

Einstein, Albert (1879-1955, dt.-amerik. Physiker)
    Kindheit 5, 6
    Ausbildung 6, 7
    Forschung 10-24
    Hochzeit 8, 23
    Nobelpreis 23
    Emigration 24
    Tod 25
Einsteinium 27, 30
Elektromagnetismus 7, 10, 11, 30
Elektronen 5, 10, 11, 12, 22, 30
Elementarteilchen 30
Elemente 27, 30
Energie 10, 11, 12, 16, 19
Erster Weltkrieg 23
ETH (Eidgenössische Technische Hochschule) 6, 7, 8

Frequenz 10, 11, 30
Gravitation 7, 19, 21, 30
Hahn, Otto (1879-1968, dt. Chemiker und Atomphysiker) 25
Heisenberg, Werner (1901-1976), dt. Physiker) 22
Hitler, Adolf (1889-1945, dt. Diktator) 24
Israel 25
Kaiser-Wilhelm-Institut Berlin 18, 23
Kernphysik 26, 31
Kernspaltung 16, 25, 26
Kinetische Theorie 9
Lenard, Philipp (1862-1947, dt. Physiker) 22
Licht 10, 11, 12
Lichtgeschwindigkeit 10, 14, 15, 16
Mach, Ernst (1838-1916, österr. Physiker) 16
Marconi, Guglielmo (1874-1937, ital. Physiker) 5
Masse 16, 17, 19, 21, 31
Maxwell, James Clerk (1831-1879, brit. Physiker) 7, 14
Moleküle 8, 9, 18, 31
München 5, 6

Nationalsozialismus 22, 24
Newton, Isaac (1643-1727, engl. Mathematiker, Physiker und Astronom) 7, 14, 15, 16
Nobelpreis 23, 31

Patentamt 8, 9, 12
Photoeffekt 10, 11, 12, 23
Photon 12
Planck, Max (1858-1947, dt. Physiker) 5, 11, 12, 16
Princeton, Universität 24, 25

Quanten 5, 11, 12, 31
Quantenmechanik 22, 26
Quantenphysik 11, 12, 22, 26, 31
Quasar 26

Radioaktivität 5, 31
Raumschiff 17, 19, 21
Raumzeit 20, 21
Relativitätstheorie 13-18, 26
Röntgen, Wilhelm Conrad (1845-1932, dt. Physiker) 5
Röntgenstrahlen 5, 11
Roosevelt, Franklin D. (1882-1945, amer. Präsident) 25
Rutherford, Ernest (1871-1937, brit. Physiker) 5

Spektrum 10, 11, 31
Schweiz 6, 23
Schwerkraft 7, 18, 19, 27

Thomson, Joseph John (1856-1940, brit. Physiker) 5, 11
Teilchen 5, 8, 10, 11

Ulm 4, 5
Universum 18, 20, 21, 27
Urknall 20

Vakuum 15, 31

Wellen-Partikel-Dualität 12
Wellen, elektromagnetische 7, 10, 11
Wells, Herbert George (1866-1946, engl. Schriftsteller) 20
Weltraum 18, 19, 20, 21, 26

Zeit 4, 16, 17, 18, 20, 21
Zug 13-16
Zürich 6-8, 18
Zweiter Weltkrieg 24, 25